春雨惊春清谷天，
夏满芒夏暑相连。
秋处露秋寒霜降，
冬雪雪冬小大寒。

二十四节气·夏

金鼎文博 / 文　瞳绘视界 / 绘

吉林大学出版社

图书在版编目（CIP）数据

二十四节气·夏 / 金鼎文博文；瞳绘视界绘 . --
长春：吉林大学出版社，2017.9
ISBN 978-7-5692-1212-9

Ⅰ . ①二… Ⅱ . ①金… ②瞳… Ⅲ . ①二十四节气—
青少年读物 Ⅳ . ① P462-49

中国版本图书馆 CIP 数据核字（2017）第 274725 号

二十四节气·夏
ERSHISI JIEQI · XIA

著　　者：金鼎文博　文　瞳绘视界　绘
策划编辑：魏丹丹
责任编辑：魏丹丹
责任校对：邹燕妮
开　　本：787mm × 1092mm　1/16
字　　数：20 千字
印　　张：2.25
版　　次：2018 年 1 月第 1 版
印　　次：2018 年 1 月第 1 次印刷

出版发行：吉林大学出版社
地　　址：长春市人民大街 4059 号（130021）
0431-89580028/29/21
http://www.jlup.com.cn
E-mail:jdcbs@jlu.edu.cn
印　　刷：天津泰宇印务有限公司

ISBN 978-7-5692-1212-9　　定价：28.00 元

夏天真是个热闹的季节，院子里的芍药花、石榴花、牵牛花渐次开放，麦子从抽穗到收割，荷花从花骨朵到盛放，总有看不完的美景。妞妞吃了立夏蛋，端午粽。有趣的是，妞妞第一次知道槐花不仅长得好看，而且还能做成各种面食吃。妞妞喜欢跟着爷爷去田间玩耍，还帮忙捡麦穗、挖野菜、种西瓜。

种西瓜

挑选饱满的西瓜籽放在清水中浸泡 8 至 12 小时，然后拿出来，用潮湿透气的布包起来，放在温暖的地方，让西瓜籽浸足水分。

1. 选择气温在 15 摄氏度以上的天气进行播种，每穴撒 3 至 4 粒西瓜籽。

2. 为播种完的西瓜地盖上薄膜，以保证土壤中的湿度和空气的温度。

3. 发芽后及时间苗、除草、松土、施肥，长出瓜秧之后及时进行整枝。

4. 小暑时节，西瓜就成熟了，可以摘下来吃啦。

立夏

“多插立夏秧，谷子收满仓。”立夏前后，正是大江南北早稻插秧的火红季节；这时也是采集春茶的最好时节，稍一疏忽，茶叶就老了；而此时的北方，冬小麦开始扬花灌浆（籽粒饱满），村里人也都进入了大忙季节，开始为庄稼除草、浇水、施肥。

谷雨时种下的玉米、豆子、棉花等作物都已出苗；妞妞帮着爷爷在豇豆地里搭架子，好让豆秧攀爬，过段日子架子上就会结满长长的豇豆了。

立夏

立夏，是二十四节气之中的第七个节气。时间点在公历每年5月5日至6日之间，太阳到达黄经45度时。“立”是开始的意思，“夏”是大的意思，是指春天播种的植物已经直立长大了，万物繁茂。农作物进入生长后期，杂草也生长得很快，所以有“一天不锄草，三天锄不了”的说法。立夏后，昼更长夜更短，人们逐渐改变作息时间，晚睡早起，因此要适当午休以补充睡眠。

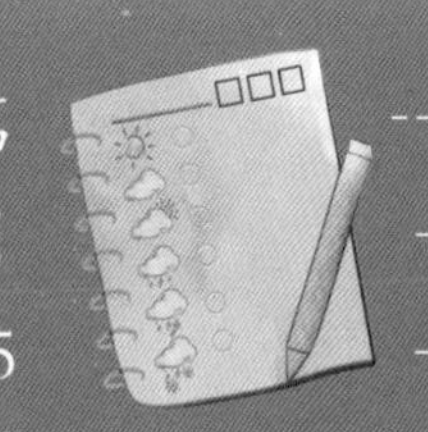

立夏秧

立夏之后，南方正式进入雨季，温度明显升高，雨量和雨日也明显增多。此时，正是大江南北早稻插秧的时候，这也就是人们常说的“多插立夏秧，谷子收满仓”。

记下立夏这一天的气温吧。

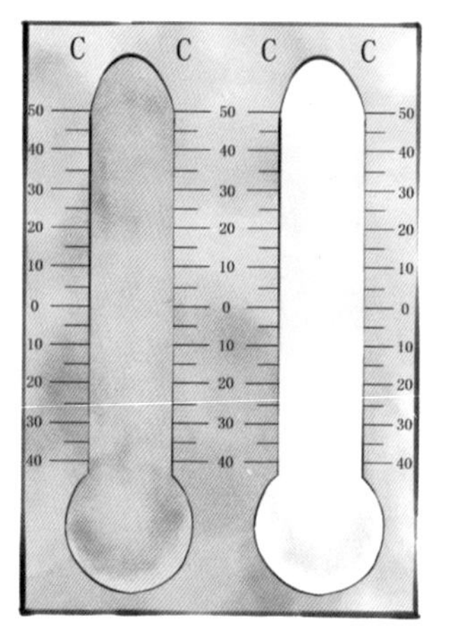

最高气温___℃ 最低气温___℃

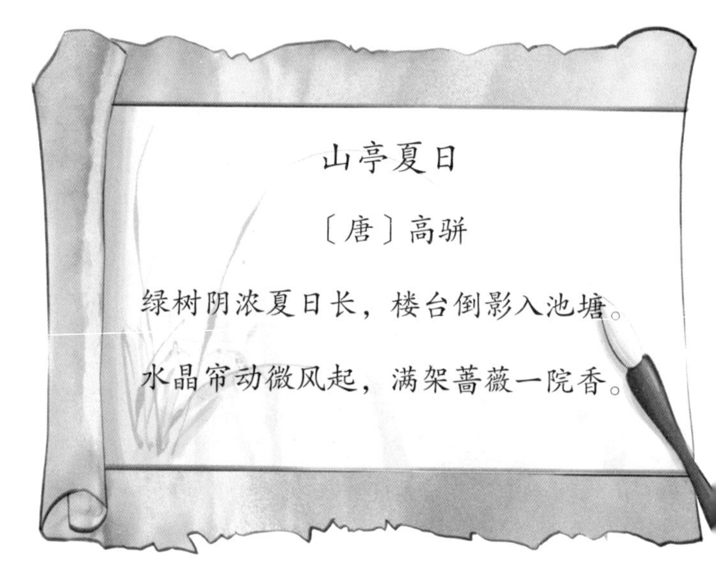

山亭夏日

〔唐〕高骈

绿树阴浓夏日长，楼台倒影入池塘。

水晶帘动微风起，满架蔷薇一院香。

尝三新

立夏这天，有“立夏尝三新”的食俗。不过，各地所指“三新”不太一样，有的指樱桃、青梅、鲥鱼，也有指竹笋、樱桃、梅子，还有的地方指竹笋、樱桃、蚕豆。总之，是说立夏时节应吃时令新鲜的食物。

立夏三候

一候蝼蝈鸣，
二候蚯蚓出，
三候王瓜生。

立夏吃蛋

相传立夏之后，天慢慢热起来，特别是小孩子容易感到疲倦无力，食欲减退，逐渐消瘦。善良的女娲娘娘告诉百姓，每年立夏之日，将鸡蛋煮熟，放进彩线编织的蛋网里，挂在孩子的胸前，可避免病灾。直到现在，民间仍然有“立夏吃了蛋，热天不疰（zhù）夏”的说法。

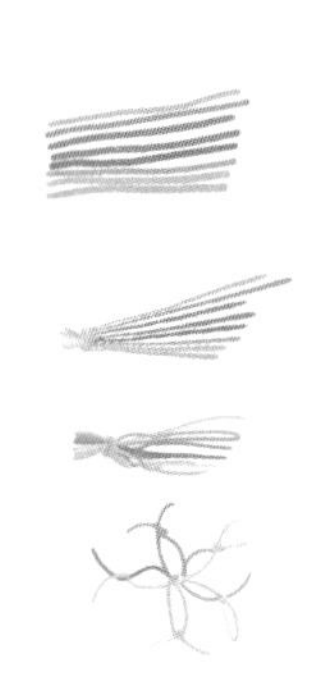

芍药花开

“立夏三朝赏芍药”，立夏节气到来，正是芍药花盛放的时节。芍药的品种很多，花色丰富，姿态各异，花瓣层层叠叠，多的可达上百枚，天生丽质，雍容华贵，所以民间有“牡丹为王，芍药为相”的说法。

蝼蝈鸣

初夏时节，青蛙等蛙类动物开始在田间、池畔鸣叫觅食。蝼蝈，也就是蝼蛄，适宜生活在温暖潮湿的环境中，随着蝼蛄的鸣叫，夏天的味道越来越浓了。

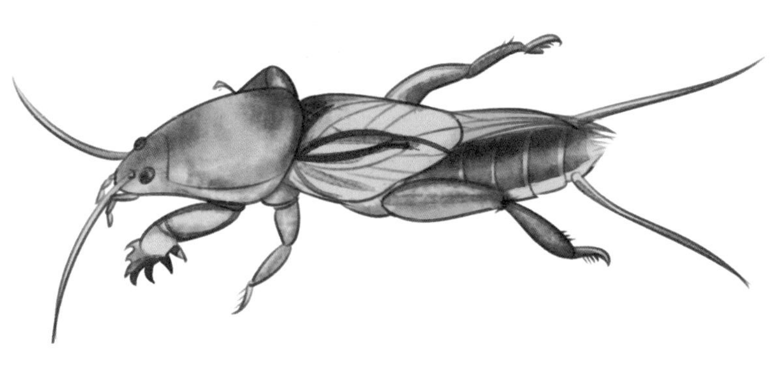

王瓜生

王瓜是华北特产的药用爬藤植物。立夏十日后，王瓜开始快速攀爬生长，到了六七月份就会结出红色的果实，然后，人们采摘下来，并相互馈赠。

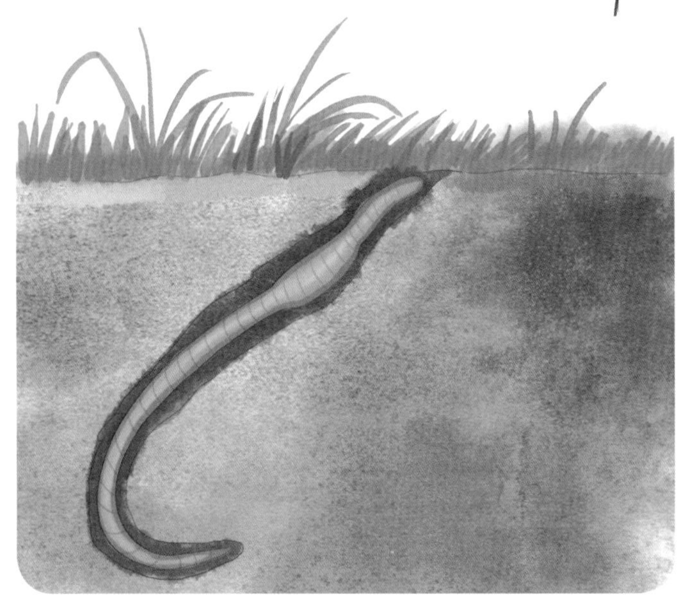

蚯蚓出

立夏后，地下温度持续升高，蚯蚓由地下爬到地面呼吸新鲜空气。蚯蚓生活在潮湿阴暗的土壤中，当阳气极盛的时候，蚯蚓也不耐烦了，出来凑凑热闹。

傍晚，天气晴朗，微风吹拂，田野上飘着一阵阵花草和小麦的清香，引来了许多小蜻蜓。大人们在田里忙着为庄稼锄草、施肥、喷药，预防病虫害的侵袭。田边，几个小伙伴正举着网子捕蜻蜓。妞妞听妈妈说过，蜻蜓是益虫，它可以吃掉蚊子之类的害虫。所以，她和小伙伴赶忙将抓到的蜻蜓放走了。

小满

小满，是二十四节气之中的第八个节气。时间点在公历每年5月20日至22日之间，太阳到达黄经60度时。小满是一个表示物候变化的节气。“斗指甲为小满，万物长于此少得盈满，麦至此方小满而未全熟，故名也。”也就是说从小满开始，大麦、冬小麦等夏收作物已经结果，籽粒逐渐饱满，但尚未成熟，只是小满，还未大满。

干热风

干热风，又叫干旱风、火风。它是一种高温、低湿并伴有一定风力的农业灾害性天气。这种风一般出现在5月初至6月中旬的少雨、高温天气，此时正值小麦抽穗，容易导致小麦秕粒甚至枯萎死亡。所以，应提前采取一些措施，预防干热风和突如其来的雷雨大风的袭击，还要及时给麦子喷药，使麦子免受病虫害的侵袭，保证麦子丰收。

记下小满这一天的气温吧。

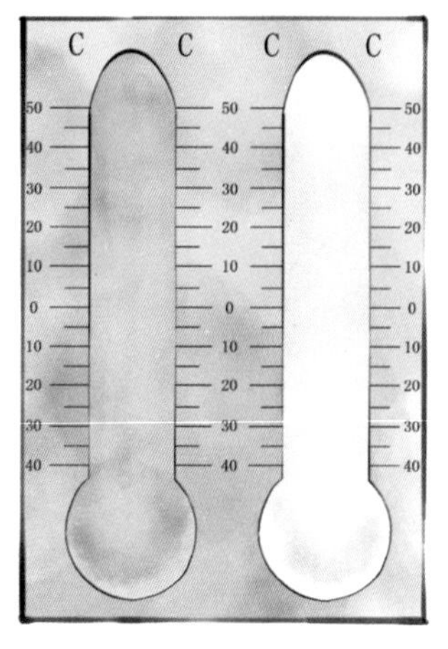

最高气温___℃ 最低气温___℃

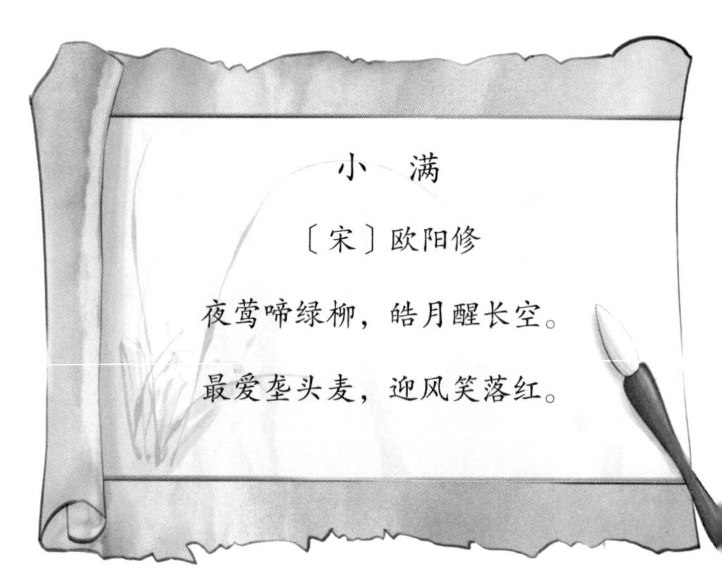

小 满

〔宋〕欧阳修

夜莺啼绿柳，皓月醒长空。

最爱垄头麦，迎风笑落红。

看麦梢黄

“麦梢黄，女看娘，嫂子争着要吃糖”，这是关中地区流传了上百年的民谣。每到麦收前夕，出嫁的女儿回娘家探望，问候麦收准备情况，称为“看忙”；夏收结束后，女儿家人回访女婿家，称为“看忙罢”。这一充满人情味的习俗叫作“看麦梢黄”，还十分富有诗意。

小满三候

一候苦菜秀，
二候靡（mǐ）草死，
三候麦秋至。

卖新丝

相传小满节为蚕神诞辰之日，所以在这一天，江浙一带有祭蚕神的习俗。小满节时正值初夏，蚕宝宝长大成熟，开始吐丝结茧，正待采摘缫（sāo）丝，也就是将蚕茧抽出蚕丝。然后，桑农就会将新制的蚕丝拿到集市上卖掉，过些日子，蚕丝经过加工，就会变成我们身上穿的衣服、盖的被子等。

刚从卵里出来的蚕宝宝，慢慢长成幼蚕；在长成熟蚕之后，吐丝结茧，变为蛹，最后羽化成蛾。

蜻蜓起舞

“小荷才露尖尖角，早有蜻蜓立上头。”宋代诗人杨万里的著名诗句描绘了初夏时节美好的一幕。小满后，气温一天天升高，雨水一天天增多，荷叶也逐渐茂盛起来。几场雨之后，荷花便开出了粉嫩的骨朵儿。蜻蜓闻讯而来，绕着荷花翩翩起舞，不时落在荷花或荷叶上，与游走在荷叶底下的鱼儿相映成趣。

槐花香

槐花有白色和粉色两种。可食用的多指白色的洋槐花。和香椿、榆钱一样，槐花也有多种吃法，可以制作槐花饺子、槐花包子、槐花饼等传统面食，松软香甜，是春夏时节最具时令特色的地道美食。除了面食，还有槐花蜜，沏茶喝，清香温润，对身体也很好。

苦菜秀

“春风吹，苦菜长，荒滩野地是粮仓。”过去生活困难的年代，小满节气前后正值青黄不接，农民要靠采食野菜来充饥。而如今小满时节吃苦菜，却是为了尝个新鲜。它们苦中带涩，涩中带甜，新鲜爽口，清凉嫩香，营养丰富，具有清热、凉血和解毒的功效。

麦芒尖尖

“小满三日望麦相，小满十日满地黄。”“小满十八天，不熟也自干。”这些农谚说明小满就是麦子生长成熟的“分水岭”。小满节气到来，麦籽粒开始灌浆饱满，麦芒尖尖像金针一样，麦穗随风摇曳，虽还不到收割的季节，但已显得沉甸甸的。此时，北方的平原田野，到处是一望无际的风吹麦浪的场景。

芒种
麦子成熟了，只见田间麦浪翻滚，遍地金黄，随着微风起伏，沙沙作响。村里人一大早就忙开了。大人们在忙着收割、捆麦、运回打谷场；孩子们在收割过的麦地上帮忙捡麦穗，还要比一比看谁捡得多呢。爷爷告诉妞妞，夏天正是多雨的时候，要是忽然遭受风雨，麦子就会倒在田里，发霉发芽，再也不能吃了。所以要趁着天气好赶紧把成熟的麦子收割入仓。

芒种

芒种，是二十四节气之中的第九个节气。时间点在公历每年6月6日前后，太阳到达黄经75度时。芒种是指大麦、小麦等有芒作物种子已经成熟，急需抢收；而晚谷、黍、稷等夏播作物也正是播种最忙的季节，还有部分春播作物需要进行管理。因此，芒种是一个代表成熟与收获的节气。芒种一过，真正的夏季便到来了，无论南方还是北方，天气都开始变得高温多雨，需要防暑降温了。

梅雨季节

“黄梅时节家家雨，青草池塘处处蛙。”芒种节气到来，气温高，湿气大，南方地区会出现持续几十天阴雨连绵的气候现象，由于正是江南梅子的成熟期，所以便被称作梅雨季节。梅雨过后，天气放晴，进入炎炎盛夏。

记下芒种这一天的气温吧。

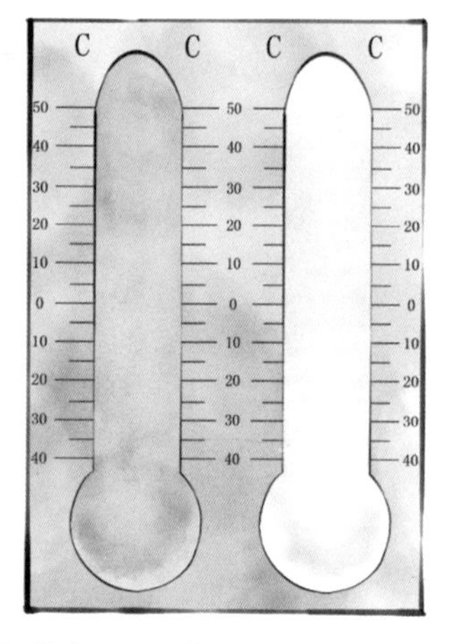

最高气温___℃ 最低气温___℃

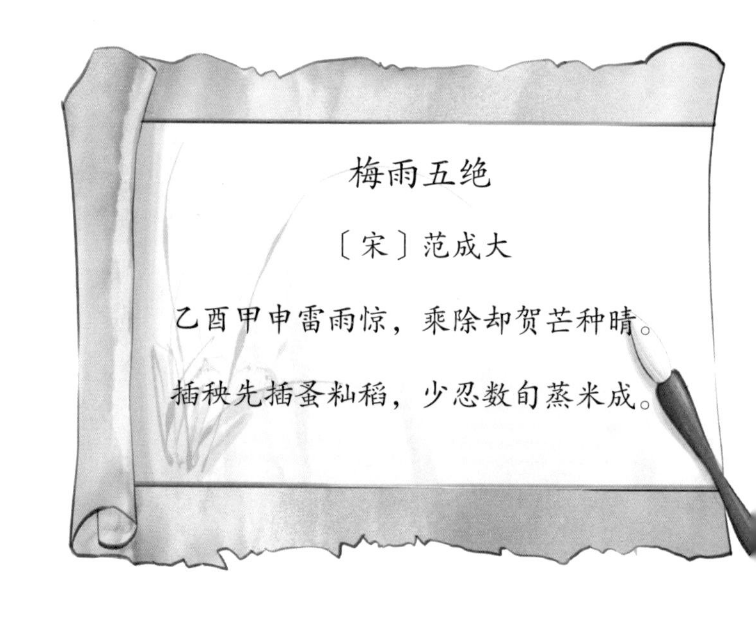

梅雨五绝

〔宋〕范成大

乙酉甲申雷雨惊，乘除却贺芒种晴。

插秧先插蚤籼稻，少忍数旬蒸米成。

石榴花开

芒种一到，石榴花就应时而开。先是从枝顶或叶腋生出一朵至数朵小花，花萼呈钟形；慢慢地，花瓣变为5至7枚，白色或红色，单瓣或重瓣。盛放后，白色典雅，红色绚丽，为庭院添了别样景致。石榴花被古人封为五月花神，也是芒种的节气花木。

芒种三候

一候螳螂生，

二候䴗（jú）始鸣，

三候反舌无声。

青梅煮酒

南方芒种时节有煮梅的习俗。新鲜梅子大多味道酸涩，难以直接入口，需经过加工才能食用，这种加工过程便是煮梅。《三国演义》第二十一回有“青梅煮酒论英雄”的典故，可以找来读一读。

芒 种 虾

在南方沿海一带，毛虾正值产卵期，渔民忙着捕虾、晒虾。因为只有用这一个月内捕捞的虾制作的虾皮，才算得上虾皮中的极品——芒种虾皮。这种虾皮呈浅金色，个头饱满，营养丰富，鲜美清香，是一般虾皮不能相比的。

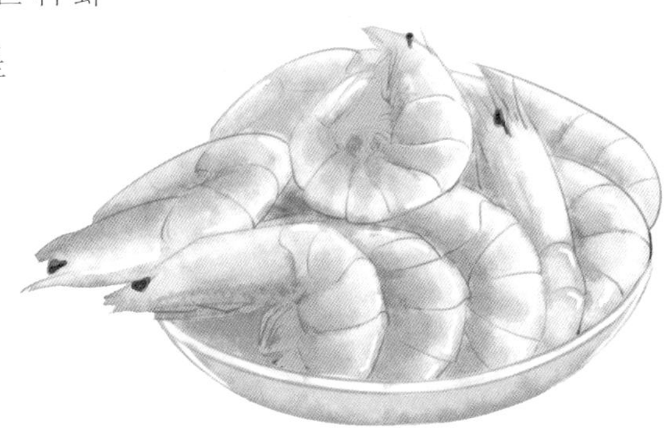

䴗 始 鸣

䴗，即伯劳鸟。与燕子一样，伯劳鸟也具有夏北冬南的迁徙习性。芒种来到后，喜欢阴凉的伯劳鸟开始在枝头出现，并且感阴而鸣。与此相反，能效仿百鸟啁啾的反舌鸟，却因感应到阴气而停止了鸣叫。

端午节

每年农历五月初五是端午节，正值仲夏，天气晴和而爽净，很适合登高望远。这天，许多地方有吃粽子、赛龙舟的习俗。北方人还有“插艾”的习惯，以菖蒲、艾条插于门楣，可以驱虫避邪。这天，大人还要带着孩子去采艾，利用休息间隙，寻找稀奇花草来比赛，谁采摘的花草品种多且新奇就为胜，这叫“斗百草”。

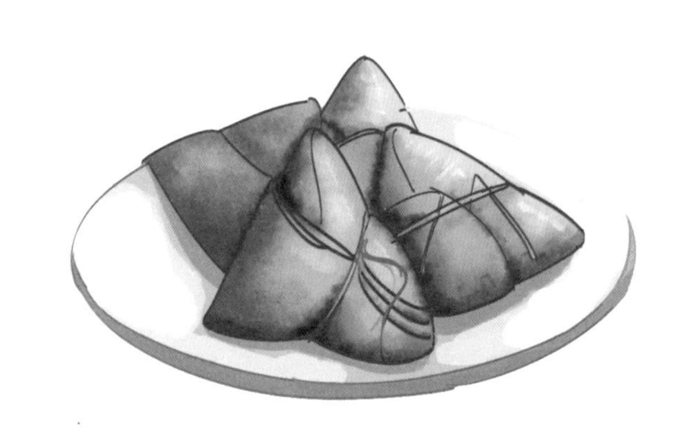

送花神

春天盛放的花朵开始凋零，旧时民间多在芒种这天举行祭祀花神仪式，饯送花神归位，同时表达对花神的感激之情，盼望来年再次相会。现在已不流行这种习俗。《红楼梦》第二十七回有描写芒种节为花神饯行的热闹场面，可以找来读一读。

接嫁树

“麦黄农忙，秀女出房。”芒种是农忙季节，果农开始为不同的果树进行嫁接，好让结出来的果实在形状和质量上吸取二者的优点，口感和营养更好。河北一带芒种这天的“嫁树”习俗，只是在枣树上划几下，让其吸收新鲜空气，结更多果实。

夏至

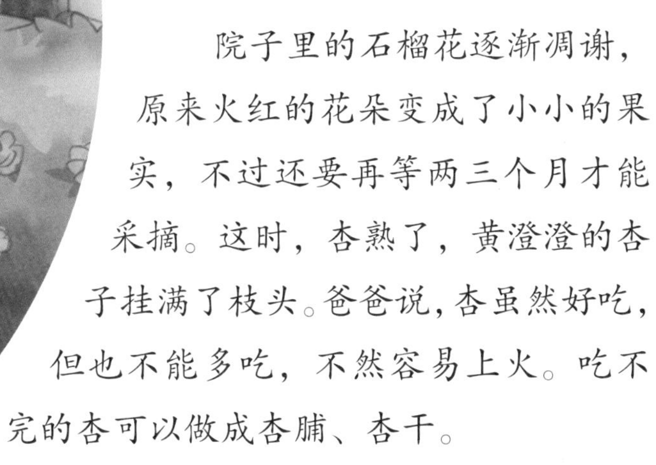

院子里的石榴花逐渐凋谢，原来火红的花朵变成了小小的果实，不过还要再等两三个月才能采摘。这时，杏熟了，黄澄澄的杏子挂满了枝头。爸爸说，杏虽然好吃，但也不能多吃，不然容易上火。吃不完的杏可以做成杏脯、杏干。

中午，妞妞发现树的影子比前几天都要短，连自己的影子也似乎变短了。爸爸告诉她，夏至这天，正午的影子是北半球一年里最短的。等明天再来量一量，就逐渐变长了。

夏至

夏至，是二十四节气之中的第十个节气。时间点在公历每年6月21日或22日，太阳到达黄经90度时。夏至这天，太阳直射地面的位置到达一年的最北端，几乎直射北回归线，是北半球一年中白昼最长的一天，且越往北白昼越长。过了夏至，白天就一天比一天短。气温继续升高，光照充足，雨水增多，农作物生长旺盛。此时的降水对农业产量影响很大，有“夏至雨点值千金”之说。

立竿无影

夏至这天太阳几乎直射北回归线，在广东、广西、云南等处于北回归线上的地区，正午时分太阳垂直照射，直立在地上的物体没有阴影出现，这就是“立竿无影”的现象。没有处在北回归线上的地区，大家在正午时分看自己的影子，也会见到一年当中最短的影子。

记下夏至这一天的气温吧。

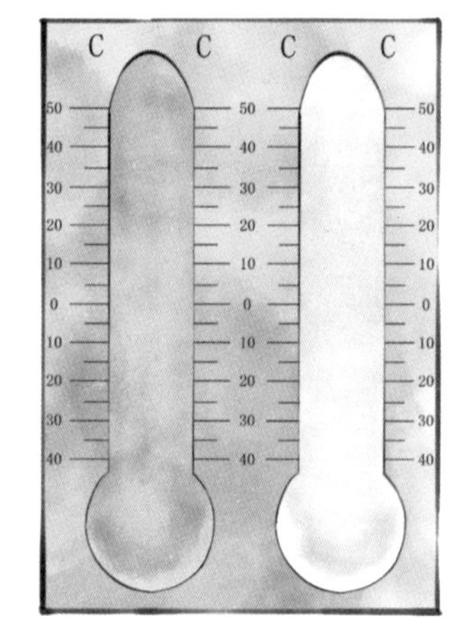

最高气温____℃ 最低气温____℃

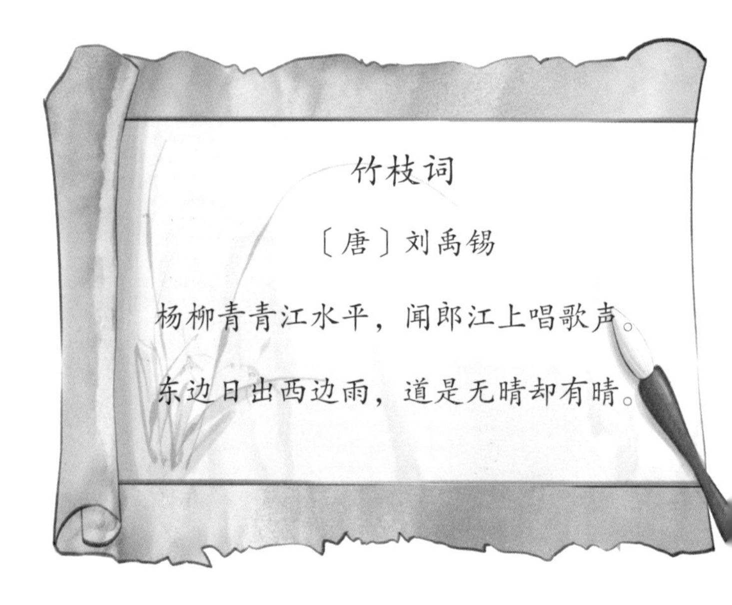

竹枝词

〔唐〕刘禹锡

杨柳青青江水平，闻郎江上唱歌声。

东边日出西边雨，道是无晴却有晴。

吃荔枝

“夏至食个荔，一年都无弊。”荔枝色泽鲜红，香气清远，果肉晶莹剔透，口感香甜，营养丰富，炎热的夏至，吃几颗荔枝，能使五内清凉，滋阴养颜。就连一千多年前的杨贵妃也喜欢吃荔枝，唐代诗人杜牧的千古名句“一骑红尘妃子笑，无人知是荔枝来”，写的就是为杨贵妃飞骑送荔枝的典故。

夏至三候

一候鹿角解，
二候蝉始鸣，
三候半夏生。

鹿角解

鹿角有一种特别的再生能力，每年夏至，鹿的角便会自然脱落，然后慢慢长出新的来。接着，再次经过生长、死亡、脱落和再生的过程，周而复始，这是自然界万物更替的结果。鹿角是名贵的中药，有滋补强身的功效。

半夏生

夏至后十日，半夏逐渐繁盛开花，植株又细又高，顶端花朵呈长鞭形。半夏是一种耐阴的多年生草本植物，生命力很强，多生长在水田边，所以又叫“守田”。它的地下白色块茎是一种重要的中药材。

木槿荣

院子里的木槿枝繁花茂，单瓣或重瓣，有白色、粉红色、紫红色等，娇艳夺目。每朵花只开一日，但每天都有大量的花朵绽放，在花期里总是花开满树，十分壮观。木槿对环境的适应性很强，很好栽培，所以经常作为庭院或园林中的花篱。

夏至面

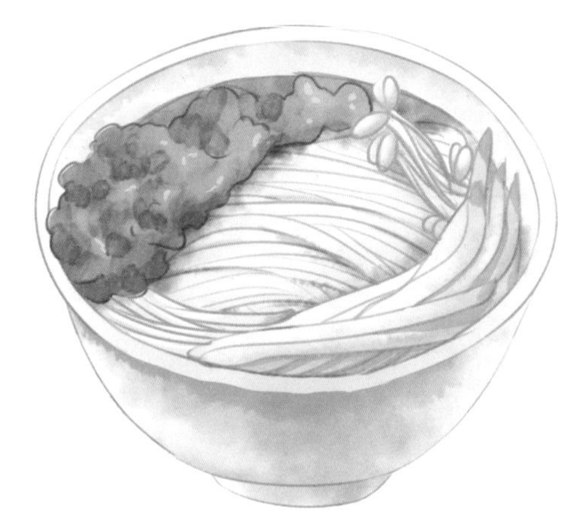

“冬至饺子夏至面”，夏至这天，很多地方有吃面的习惯。这时候，天气炎热，吃些凉面和生菜既可以降火开胃，又不会损害健康。北京人吃夏至面十分讲究，面条煮熟用凉水一过，浇上炸好的酱，再拌上黄瓜丝、水萝卜丝、黄豆芽，香气四溢，别有风味。

作物打理

“进入夏至六月天，黄金季节要抢先。”夏至后进入伏天，气温高，光照足，雨水增多，农作物生长旺盛，杂草、害虫迅速滋长蔓延，需加强田间管理。要为棉田除草，为果树喷药；还要为夏播植物间苗、定苗，也就是根据植株的间距，将生长茂盛的幼苗留下，多余的拔掉；有些植距大的，就需要及时补苗。此时，依然是农忙的时节，农民一天也不得闲。

小暑

放暑假了，地里的西瓜也熟了。妞妞每天都要来到瓜棚里，帮爷爷把成熟的西瓜摘下来，帮妈妈为棉花打杈，帮爸爸撒种子，偶尔还调皮地去抓蟋蟀。爷爷说，这是一年中最热的一段日子，也就是人们常说的“三伏天”，直到立秋，天气才能慢慢转凉。

小暑

小暑，是二十四节气之中的第十一个节气。时间点在公历每年7月7日或8日，太阳到达黄经105度时。“暑”表示炎热的意思；“小暑”为小热，还不十分热。意指天气开始炎热，但还没到最热的时候。这时，南方的梅雨即将结束，盛夏开始；北方进入多雨季节。高温潮湿的“三伏天”快要到了。在这段一年最酷热的日子里，人们胃口不好，所以要做些简单少油、清淡爽口的食物，所以也就有了“头伏饺子二伏面，三伏烙饼摊鸡蛋”这一俗语。

雷　　雨

小暑前后，强对流天气增多，常出现雷电、台风、暴雨、冰雹等恶劣天气。在山区还容易引起山洪暴发，甚至引起泥石流。

记下小暑这一天的气温吧。

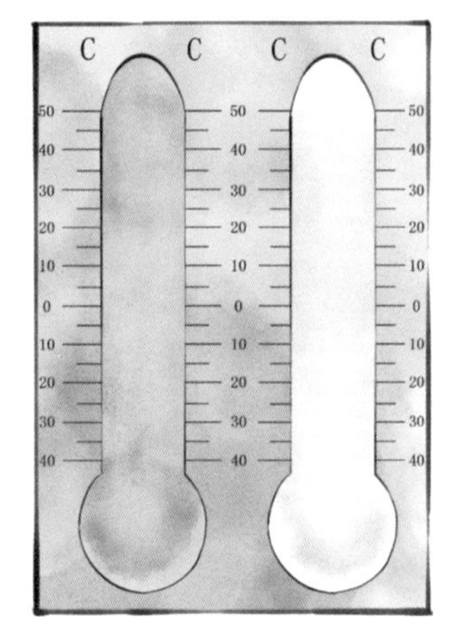

最高气温___℃ 最低气温___℃

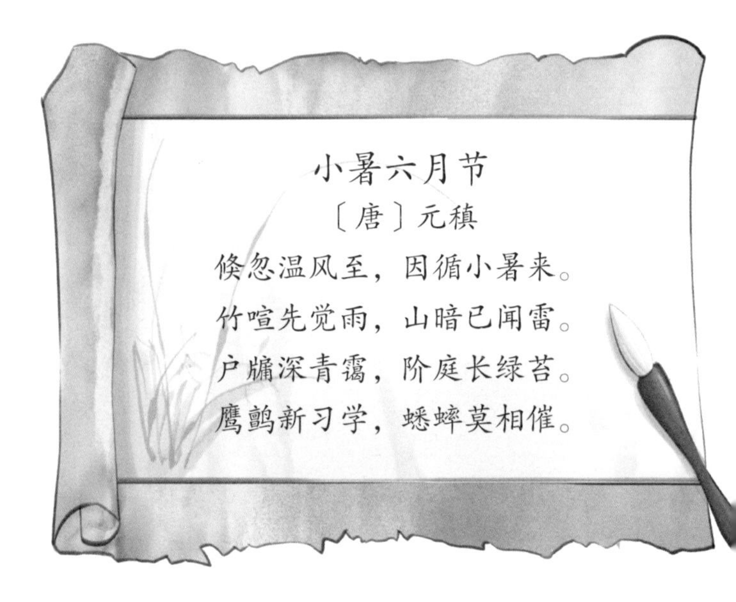

小暑六月节

〔唐〕元稹

倏忽温风至，因循小暑来。
竹喧先觉雨，山暗已闻雷。
户牖深青霭，阶庭长绿苔。
鹰鹯新习学，蟋蟀莫相催。

西瓜熟

西瓜，又叫夏瓜，顾名思义，正是夏天成熟的瓜。北方土地肥沃，尤其是沙质土地最适宜西瓜生长，结出的瓜又甜又起沙。西瓜品种很多，名字也很好听，像“早春红玉”“黑美人”“蜜宝”。多数西瓜外皮光滑，呈绿色或黄色花纹；果瓤多汁，多为红色或黄色，少数罕见的为白瓤。

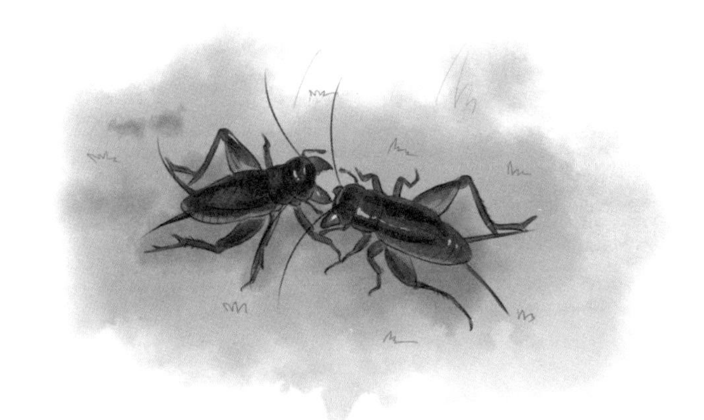

小暑三候

一候温风至，

二候蟋蟀居宇，

三候鹰始鸷（zhì）。

蟋蟀居宇

蟋蟀常栖息于地表、砖石下或草丛间。小暑时节，即夏历八月，天气变热，蟋蟀离开了田野，聚到居民庭院的墙角下，每到夜间出来活动，鸣声鼎沸。天越凉离人越近，所以《诗经·七月》这样描述蟋蟀：“七月在野，八月在宇，九月在户，十月蟋蟀入我床下。”

荷花开

池塘里的荷花开了，花朵有红的、粉的、白的，还有带彩纹和镶边的，衬着碧绿的荷叶，好看极了。荷花全身都是宝，藕和莲子可以食用，莲子、根茎、藕节、荷叶、花及种子的胚芽等都可入药。而且，荷花中通外直，出淤泥而不染，濯清涟而不妖，历来为文人墨客所赞颂。

棉花整枝

“小暑天气热，棉花整枝不停歇。”小暑节气，棉花开始开花结铃，生长最为旺盛，除了要追肥，还要及时整枝、打杈、去老叶，以协调植株体内养分分配，增强通风透光，减少蕾铃脱落。

吃伏面

伏天里，人们食欲不振，往往比平时消瘦，俗称苦夏。况且这段日子气温高，身体出汗多，新陈代谢加快，对能量需求增多。入伏后，麦子刚刚丰收，饺子、面条和烙饼之类的面食自然就成为很好的开胃解馋的食物。

放暑假

放暑假了，终于可以痛痛快快地玩儿了。暑假期间也是天气最热的时候，一定要注意防暑、降温。中午到下午三点，太阳最毒，尽量不要长时间待在太阳底下。如果要出去旅行，记得做好防晒措施。虽然冷饮好吃，也要适量。要多吃点蔬菜水果，多喝白开水，快快乐乐地过暑假。

种萝卜

入伏后是种秋菜的季节，有“头伏萝卜二伏菜，三伏还能种荞麦”之谚。北方冬季的主要蔬菜就是大白菜和萝卜，所以种植秋菜就显得很重要。入伏十天后，适合种萝卜（青萝卜、白萝卜、胡萝卜等）；二伏开始种大白菜、青菜等；三伏种荞麦也不晚。

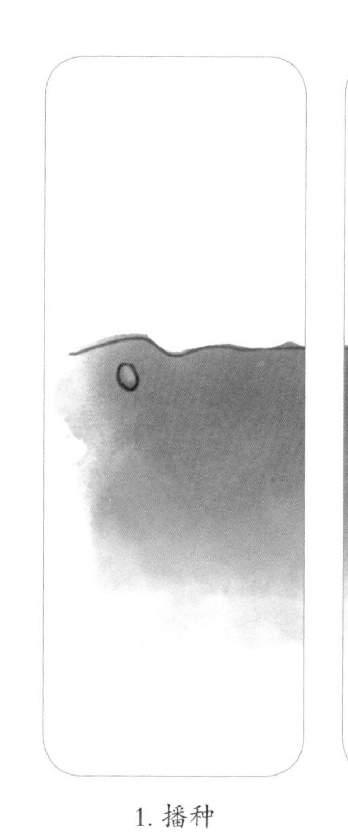

1. 播种

2. 种子发芽

3. 出苗长叶

4. 成熟

大暑

傍晚，忙碌了一天的人们终于可以休息一下了。人们最喜欢聚集在村边的小树林里。这里林木茂盛，还挨着一条小河，是个乘凉的好地方。白天，知了在树上不知疲倦地唱歌，晚上，萤火虫带着它的小灯翩翩起舞。

大暑

大暑，是二十四节气之中的第十二个节气。时间点在公历每年7月22日至24日，太阳到达黄经120度时。这时正值“中伏”前后，是一年中最热的时期，气温高，湿度大。这时候，农作物生长最快，大部分地区的旱、涝、风灾最为频繁。大暑节气的民俗主要体现在饮食方面，有的吃热性食物，比如山东要喝暑羊（羊肉汤）；有的吃凉性食物，比如广东要吃仙草（凉粉）。

雷阵雨

大暑是雷阵雨多发的季节，有谚语说“东闪无半滴，西闪走不及”，意思是说，夏天午后，闪电如果出现在东方，雨不会下到这里，若闪电出现在西方，则大雨很快就会到来，要想躲避都来不及。所以我们常会看到这边下雨那边晴。正如唐代诗人刘禹锡的诗句：“东边日出西边雨，道是无晴却有晴。”

记下大暑这一天的气温吧。

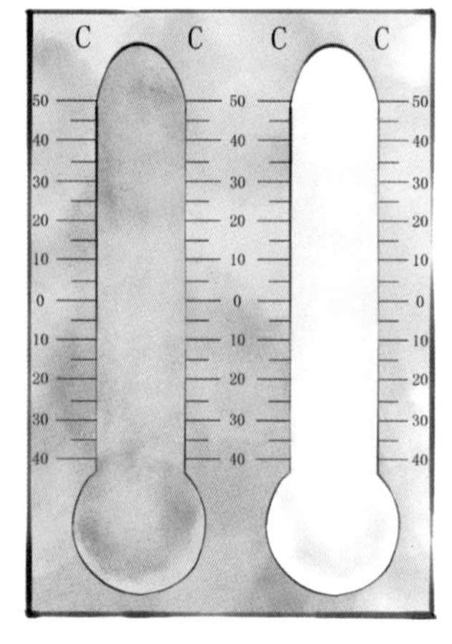

最高气温___℃ 最低气温___℃

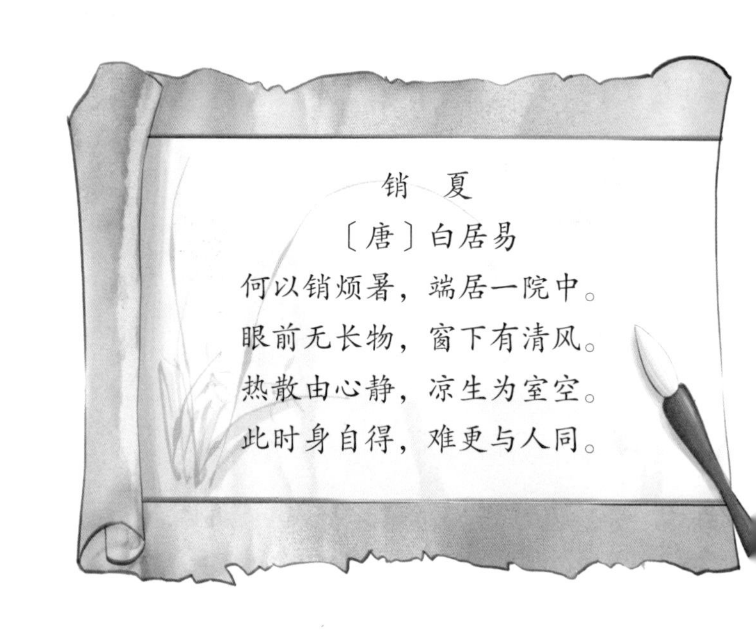

销　夏

〔唐〕白居易

何以销烦暑，端居一院中。
眼前无长物，窗下有清风。
热散由心静，凉生为室空。
此时身自得，难更与人同。

牵牛花开

牵牛花，有个俗名叫“勤娘子”。它是一种很勤劳的花，清晨四点钟便开放了。而且不怕高湿酷暑，生命力极强，路旁、田间、山坡等随处可见。花形多样，花色丰富，花朵有白色、紫红色或紫蓝色。花期长达数月，可以从夏季一直开到秋天。牵牛花不仅可以观赏，种子还是一种很好的中药。

萤火虫飞舞

萤火虫是一种小型甲虫，每到夜间，它的尾部就能发出萤光。萤火虫分为水栖和陆栖两种。陆栖萤一般喜欢草木茂盛、湿度较高的地方。它们的光芒持续的时间也有不同，有的不到一秒钟，有的可以持续好几分钟。大暑时，萤火虫卵化而出，所以古人认为萤火虫是腐草变成的。

大暑三候

一候腐草为萤，

二候土润溽暑，

三候大雨时行。

割稻子

“禾到大暑日夜黄。”“大暑不割禾，一天丢一箩。”早稻成熟了，需要适时抢收，以免忽然遭遇风雨天气造成损失。在大暑天气，这是一场最紧张最艰苦的战斗。尤其是种植双季稻的地方，要根据天气变化，晴天多割，阴天多栽，最迟不能迟过立秋。

避　暑

三伏天里，只有清早或傍晚才能寻得一丝清凉。趁着难得的休闲时光，老人们早早起床，来到树林间晨练，唱歌、跳舞，有的坐在河边钓鱼，有的和朋友一块儿下棋。孩子们似乎不知道炎热，有的爬上树去捉知了，有的在玩吹泡泡。玩够了，最舒服最解暑的，当然是来一杯冰镇酸梅汤了。

晒伏姜

所谓晒伏姜，就是在大暑这天，将老姜洗净直接放在屋顶暴晒；也可以把生姜切片或者榨汁后和红糖搅拌在一起，装入玻璃瓶里蒙上纱布，放在太阳下晾晒。充分暴晒后，也就成了伏姜。在炎热的夏天，难免贪吃寒凉的食物，容易导致腹胀、腹痛等，而吃伏姜有温中、散寒、止痛的功效，所以有“冬吃萝卜夏吃姜，不劳医生开药方”之说。

制作酸梅汤的过程

1. 将乌梅、山楂、陈皮、甘草洗净，放进锅里加水浸泡30分钟。
2. 大火煮开后，改小火慢熬40分钟。
3. 用滤网将熬好的酸梅汤倒出。
4. 往锅里再加温水，继续熬第二遍。
5. 加入干桂花，搅拌均匀。
6. 将第二遍熬制的酸梅汤加入第一遍的汤里，滤掉残渣。
7. 晾凉后，放进冰箱。
8. 冰镇一下就可以喝啦。

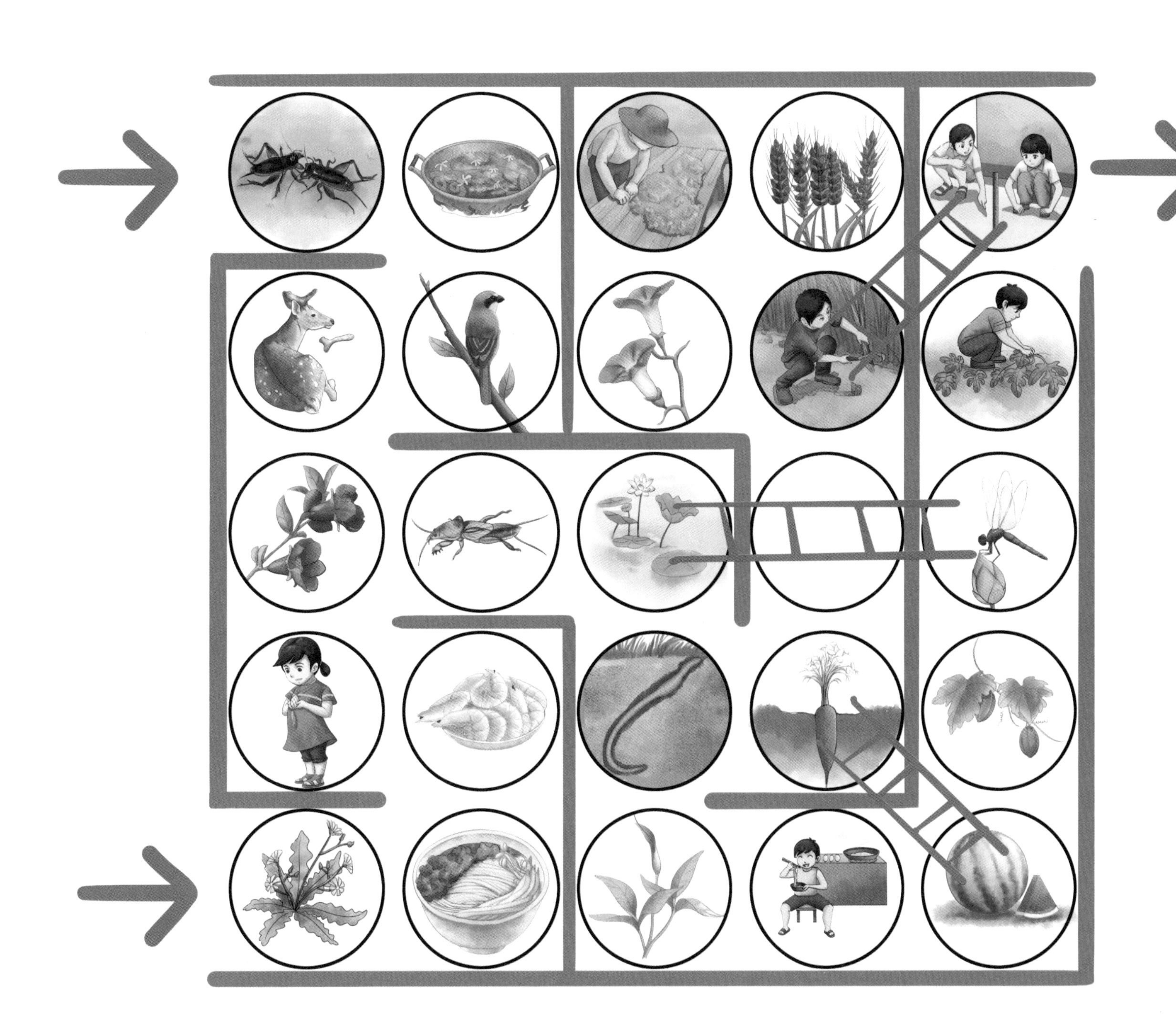

走迷宫

游戏规则：参赛者分别从不同的入口进去，通过猜拳或者掷色子，根据输赢或色子的点数，决定谁先走，走到一处就说出其中的图片名称。回答不出的则退回到上一步。率先走到另一个出口的玩家获胜。